睁大眼睛看世界

L'Ecologie

生态：我为什么能活着？

〔法〕沙利纳·泽图恩（Charline Zeitoun）/ 著
〔法〕彼得·艾伦（Peter Allen）/ 绘
陈晨 / 译

北京日报出版社

目 录

生命 4-5
生命的循环 6-7
生命的条件 8-9
宝贵的地球 10-11
生命的故事 12-13
什么是生态学 14-15

水 16-17
淡水从哪儿来 18-19
珍贵的水 20-21
水污染 22-23
污水处理厂 24-25
严重的后果 26-27

空气 28-29
植物，谢谢你 30-31
大气的保护 32-33
空气污染 34-35
气候变暖 36-37
臭氧层 38-39
酸雨 40-41
危险中的人类 42-43
太吵了 44-45

能源 46-47
什么是能量 48-49
无所不能的能量 50-51
什么是核能 52-53
非清洁能源…… 54-55
取之不尽 56-57

植物与动物 58-59
生物链 60-61
脆弱的链条 62-63
濒临灭绝的动物 64-65
即将消失的森林 66-67
生物灭绝 68-69
什么是转基因 70-71

保护地球！ 72-73
节约用水 74-75
保护空气 76-77
节约能源 78-79
拯救森林 80-81
回收利用 82-83
环保精神 84-85

词汇表 86-87
想知道更多…… 87

我正在丛林中，这里到处长满了植物，还有许许多多的动物。地球上有这么多的生物啊！看来星球上有生命是一件再平常不过的事了，对不对？

才不是呢！生命是十分复杂、十分宝贵的。生命的诞生不仅需要十分特殊的环境，还需要很多的时间。继续探索，你就会明白！

生 命

地球上几乎到处都存在生命。

西红柿、小雏菊、蒲公英、狮子、奶牛、瓢虫、小虾……地球上有几百万种不同的植物和动物。我们至今还不能将地球上的物种完全认清。

植物：已知 35 万种

动物：已知 150 万种

生命的循环

这些蘑菇生长在一截已经死亡的树干上。这棵树诞生在很久很久以前，在它的一生中，它不断地吸取能量，长高，并繁殖后代。有一天，这棵树死掉了，但是它依然能够帮助其他活着的植物……

观察自然循环

实验准备：
- 一个李子（或其他薄皮水果）
- 一把小刀
- 一个装有土的花盆
- 一个空的塑料瓶

1 请大人帮忙把李子切成两半。将无核的一半压入花盆的土壤中，把剩下的一半吃掉。

2 把空的塑料瓶放在李子旁边的土壤中，等待一晚。

3 第二天，花盆中的李子有什么变化？瓶子又有什么变化？连续一个星期，每天早上都来看看它们的变化。如果有耐心的话，坚持越久越好哦！

你知道吗

一只遗弃在土壤中的塑料瓶需要 100～1000 年的时间才能够分解！因此，我们说塑料是"不可降解的"，它会让我们的地球变得"拥挤"。

李子在土壤中会慢慢地腐烂、变小。其实，所有的生物在死亡后都会慢慢分解，其他活着的生物便从它们身上吸取养分，它们可以是动物、菌类、小虫子和细菌……正是因为有这样的自然循环，地球上才不会堆满死去的生物尸体。然而，和你的李子不同的是，塑料瓶的样子始终都没有变化。塑料和金属、玻璃、石头一样，并不是有生命的物体，因此，它不会死亡，也不会轻易地分解。

生命的条件

这里完全没有生命的迹象。生命的出现，是需要极其特殊的条件的。这里是不是太冷了？

三个重要条件

1 数出 20 粒干豆子，放在水杯中，等待一晚。

实验准备：
- 一些干豆子
- 一杯水
- 一把小勺
- 三个标记好"1""2""3"的小碗
- 几块百洁布
- 一个冰箱

2 将百洁布对折两下，每个碗上放一块。用水将标记为 1 号、3 号的小碗中的百洁布浸湿。

3 用小勺将水杯中的豆子捞出，每个碗里放 5 颗，剩下的留在水杯中。

你知道吗

空气是由很小的粒子构成的，其中一些粒子叫作氧气。不管是人类还是动物，都离不开氧气！鱼也一样，水下虽然没有空气，但是它们会呼吸溶解在水中的氧气。

4 将 3 号小碗放在冰箱里。

5 第二天，将冰箱中的小碗取出。把水杯和三个小碗并排放好，看看哪些豆子发芽了。

只有 1 号碗中的豆子发芽了。因为其他容器中的豆子，都没有具备很好的发芽条件。水杯中的豆子缺乏氧气；2 号碗中的豆子没有得到水分；3 号碗中的豆子虽然有空气和水分，但温度太低了。豆子发芽所需要的三个重要条件——空气、水和适宜的温度，三者缺一不可。

宝贵的地球

生命的生长、繁衍需要水、空气和适宜的温度,而地球就提供了这样一个环境。地球离太阳的距离适中,因此温度适宜。那其他的星球呢?

其他星球上有生命吗

水星
温度：夜晚零下 200℃，白天 430℃
液态水：无
大气层：无
生命：无

金星
温度：平均 460℃
液态水：无
大气层：有（主要成分为二氧化碳，有极少量氧气）
生命：无

地球
温度：平均 15℃
液态水：有
大气层：有（含有大量氧气）
生命：丰富的生命迹象

火星
温度：平均零下 25℃
液态水：曾经有
大气层：有（主要成分为二氧化碳，很少量的氧气）
生命：可能存在过生命

木星
温度：平均零下 145℃
液态水：无
大气层：有（但是没有氧气）
生命：无

土星
温度：平均零下 160℃
液态水：无
大气层：有（但是没有氧气）
生命：无

天王星
温度：平均零下 223℃
液态水：无
大气层：有（但是没有氧气）
生命：无

海王星
温度：零下 200℃
液态水：无
大气层：有（但是没有氧气）
生命：无

你知道吗

宇宙中不只有这 8 颗行星，天文学家在遥远的星际已经发现了几百颗行星。但是，他们至今还没有在其他任何一颗行星上发现有生命的迹象。

生命的故事

这是一条鱼的化石,这条鱼生活在几百万年以前。那么,生命是什么时候在地球上出现的呢?

漫长的历史

艰难的开端……

地球诞生于46亿年前，最初的地球是一个火球，生命是不可能出现的。10亿年后，地球由于某些原因冷却了下来，于是第一批"生命的种子"在水中诞生。

生命出现

细菌慢慢地进化，构造简单的微生物也渐渐变得复杂。三十几亿年后，海洋中诸如海绵、水母、珊瑚等简单生命已经无处不在。

真真假假

6500万年前，大批消失的不仅仅是恐龙，还有其他很大一部分动物也消失了。

其实，地球上一共经历过5次生物大灭绝，每次多数种都由于一些巨变而没法继续活下去，能适应的，每次都会变出一些崭新的物种来。

恐龙时代……

海洋生物经过演化，慢慢开始了陆地上的冒险之旅。这些海洋生物的后裔相当庞大，它们就是恐龙！但是，经过一次巨大的灾难——很可能是一颗陨星撞击了地球，地球上的植物停止了生长，恐龙们由于没了食物，全部死掉了！

哺乳动物与人类

那些与恐龙相比，体型较小、胃口也没那么大的动物却活了下来，它们就是哺乳动物。猴子便是哺乳动物中的一种，和人类一样，都属于灵长目。最早人类的出现，距今约有500万年。

什么是生态学

楼房、街道、汽车——这场景可没有大自然的感觉！人类，是一种会改变自己居住环境的生物，可是这种改变对地球好不好呢？

人类改变一切

采摘与狩猎

起初，原始人类靠采摘与狩猎为生，他们人数不多，只有几千人，因而不会对大自然造成很大的改变。

耕地与围场

大约1万年前，人类开始种植水果和蔬菜，并在围场中饲养牲畜。为了有空间耕种和畜牧，人类开始砍伐一部分森林。

你知道吗

生态学是一门研究生物、生物生存环境和生物生存方式的科学。今天，生态学也担负着保卫自然环境的使命。

城市与街道

几千年过去了，人类建造的城市越来越大。为了让种植的蔬菜长得更快，人类发明了肥料；为了行走得更远、更快，人类发明了火车、汽车、飞机……

简单的生活

近200年来，人类对地球的改变比过去的几千年还要多。由于我们的发明，生活变得更加容易，而人类的数量也越来越多——地球上现共有人口约70亿，随之而来的是人类对地球的破坏，许多动物因此死去。如果这样的情况不经改变，有一天，人类本身也会面临险境……

看，好多水呀！地球上三分之二的表面都被水覆盖。地球上的生物，一定不会缺水，是不是？

水

生命离不开水,地球上虽然有许多的水,但绝大部分是咸水。

在地球上,每 100 升水中:
超过 97 升为咸水(海洋)
2 升为冰冻的固态淡水(冰川与两极)
不到 1 升为液态淡水(湖泊、河流、地下水……)

才不是呢!地球上大部分水都是无法饮用的,它们或是咸水或是冷冻成了冰。在某些地区,甚至没有水,而有水的地方,水又被我们污染了!

恶心!

淡水从哪儿来

　　一朵阴沉的乌云移动过来——要下雨了！海洋上方有许多云,这些云中的水蒸气就来自下方的海洋,但是,这些云降落成雨,雨水却不是咸的,这是为什么呢?

观察水的循环

1 往小锅的水里加入一勺咸盐，然后进行搅拌，让盐溶化。

实验准备：
- 一口盛有少量水的小锅
- 一些咸盐
- 一个锅盖
- 一把小勺
- 一位成年人

2 把锅盖盖上，让大人帮忙给小锅加热几分钟。

3 让大人帮忙，把锅盖揭开，看到上面的水珠了吗？

4 让大人揭开锅盖，垂直拿好。你拿着小勺盛接锅盖上滴落下来的水珠。等勺中水凉下来以后，尝一尝，水是咸的还是淡的？

水被加热后会变成水蒸气上升，蒸气碰到锅盖后，会冷却回到液体的状态，就是你在锅盖上看到的水珠。这些水不是咸的，因为只有水才会蒸发，盐分会停留在小锅中。雨水的形成也是同样的道理。太阳的热量使海洋中的水蒸发并形成云。在冷却后，水蒸气就会变成雨。而盐分，依然会留在海水中。

珍贵的水

这里,天气无比炎热,几乎从不下雨。一滴水也没有!而在我们家中,我们只要打开水龙头,水就来了……

水的使用

什么都需要水

在家里，我们不仅需要喝水，还需要用水来做饭、洗澡、洗衣服和刷碗。在工厂中，我们需要用水来清洁和冷却机器。在农场里，我们会用水来浇灌。总之，哪里都需要水。

还要更多！

今天，地球上的居民数量是 100 年前的 3 倍，每个人的用水量也是过去的 2 倍！水的使用量在不断上升，可是降水量却没有变化。按照这个速度，到 2025 年，我们将面临淡水紧缺的危险。

巨大的耗水量

不同地方的人均耗水量是不一样的。北美居民每人每天的平均用水量为 600 升，欧洲人约为 200 升，印度人约为 60 升，而非洲人大约只有 20 升！

缺水的国家

地球上每个国家的用水量也是不一样的。今天，9 个国家的淡水使用量超出地球可使用淡水总量的一半，而 42 个国家没有足够的水资源。每 5 个人中便有一个人无法得到足够的饮用水。

真真假假

生产 1 千克小麦需要耗费 900 升水。

真的。农作物的生长需要很多水，地球上约 2/3 的淡水耗费在用来灌溉作物。因此，地球上吃的人口越来越多，需要的淡水也越多！

水污染

这个农民正在播撒肥料，以便让作物更快生长。同时，他也会播撒农药以阻止虫子吃掉庄稼。这样，收成就会更令人满意。但是，这会不会污染地下水呢？

你知道吗

植物通过根来吸收土壤中的养分和水，若水源被污染，根就会吸收到污染物，植物的枝叶和果实也因此被污染。如此，当我们食用这些植物，或是食用吃过这些植物的动物时，污染物也就会进入我们的身体里……

测试土壤是否被污染

实验准备：
- 一把漏勺
- 一大把土
- 一个玻璃碗
- 三根墨水管
- 一支钢笔
- 一个玻璃杯

1 把漏勺放在玻璃碗上方，再把土均匀地撒在漏勺里。

2 将钢笔中的墨水管取出吸满墨水，然后将墨水管中的墨汁全部挤在土上。

3 接一杯水慢慢倒在有墨水的土上。

4 把漏勺拿开，观察玻璃碗中的水是什么颜色的。（水不要倒掉，下个实验还要用到。）

水在渗透土壤的过程中，会同时带走土壤中的墨水和少量的泥土。因此，漏勺里流出的水的颜色是棕色混着蓝色。大自然中的情况也基本上是一样的。下雨的时候，雨水会夹带一些土壤中的化学物质渗入地下水中。那可不会太好喝！当雨水落在露天垃圾堆上的时候，也会对地下水造成污染。

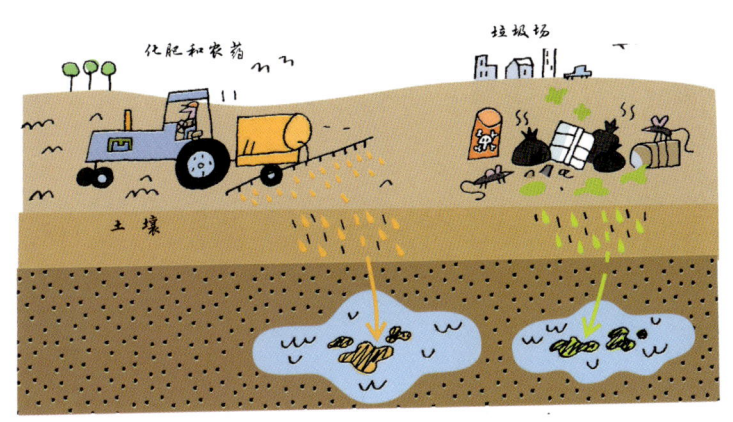

污水处理厂

这是一家污水处理厂，住宅和工厂中流出的污水在这里经过净化后，才能被排入大自然。污水处理厂是如何工作的呢？

水的净化

1 端出上次实验后留下的棕蓝色污水。

2 用汤勺在水的表层舀出三勺水倒入水杯。观察水是什么颜色的。

3 让大人帮忙用小刀把清洗笔切开，取出其中的白色内胆。

4 用剪刀将内胆剪开，取出里面的物质放入水杯。用勺子在杯中搅拌几下，你看到什么了？

实验准备：
- 上次实验后留下的棕蓝色污水
- 一个水杯
- 一支墨汁清洗笔
- 一把小刀
- 一把剪刀
- 一把汤勺

注意

千万不要喝实验后的水！因为水中依然有没有除去的污染物！

将装有棕蓝色污水的玻璃碗静置一会儿后，泥土会沉到碗底。因此，碗中表层的水是蓝色的。接着，由于清洗笔的作用，水变得没有颜色了。你完成了水的清洁工作。污水处理厂的工作原理几乎与此相同，先是静置水，让泥沙沉淀。然后，回收上层的水，在水中加入可以溶解污物的细菌。之后，除去细菌，把干净的水排入河中。

严重的后果

快看！这些排入大海里的水一点儿都不干净！这么看来，回流大自然的水并不是都会经过污水处理厂的，这可太危险了……

污水，危险

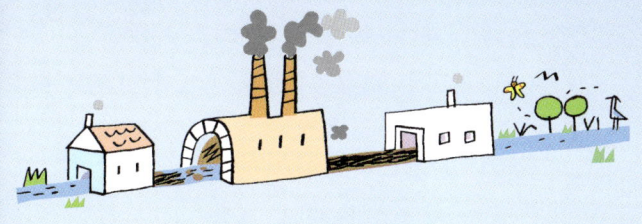

非常昂贵

以前，我们会将被污染了的物质直接倾倒回大自然。今天，比较富裕的国家，会尽力避免这样的事情继续发生。很多发达国家已经能够做到，排放大自然的污水大部分会被清洁干净，但是净化的费用非常昂贵。

被迫喝脏水

很多贫穷的国家，比如非洲一些国家，因为没有足够的资金来建造污水处理厂，污水会直接流入江河中，所以河流下游的居民们有时不得不饮用这些污水。

800万人死亡

没有经过净化的水会让人生病。每年全世界约有2.5亿人因此生病，其中约有800万人因此失去生命，一半都是儿童！死于水污染的人数是死于饥饿的人数的6倍。

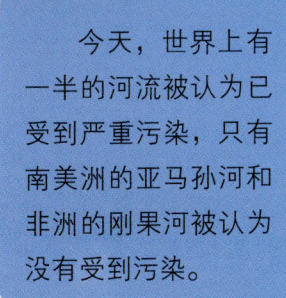

你知道吗

今天，世界上有一半的河流被认为已受到严重污染，只有南美洲的亚马孙河和非洲的刚果河被认为没有受到污染。

行动起来

所有人都需要有干净的水喝，但是，这需要更多富有的国家为贫穷的国家支付净水费用。

我们不仅需要保护水资源,还需要保护空气。的确,我们并不缺少空气,但是大量的空气被我们污染了!我们吸入被污染后的空气后会很不舒服。不仅如此,空气污染还会给地球上的植物带来灾难……

空　气

包裹着地球的空气叫作"大气层"。地球上不论植物、动物还是人类，都离不开空气。

　　空气是由许多种不同的微小"粒子"构成的，100颗"粒子"中有78颗氮气、21颗氧气，还有1颗其他气体的"粒子"（比如，二氧化碳）。

植物，谢谢你

　　空气中含有氧气，几乎所有的生物都需要氧气。几十亿年来，生物在不断地消耗氧气，可神奇的是，氧气依然没有用光！这我们需要感谢植物，是它们制造了氧气。

碳循环

表示不同的"粒子"的符号

不同的"粒子"有不同的书写符号，称为分子式。例如：碳为 C，氧气为 O_2，二氧化碳为 CO_2。C 和 O_2 混合，就会产生 CO_2。

① 光合作用

植物吸收空气中的 CO_2，留下其中的 C，用来长出新的枝叶，同时释放 O_2。这一切的发生，都需要阳光！

② 呼吸

人类和动物吸入空气中的 O_2，呼出 CO_2。

③ 浮游生物

水中的微小植物同样会进行光合作用。

大气的保护

在这里,我们可以清楚地看到包裹着地球的空气,这就是大气层。大气层能够帮助地球将温度保持在一个适宜的范围。

呼 呼……

温室效应

① 太阳会将炽热的光送往地球。

② 一些光会被大气层发射回太空中。

③ 另外一部分光穿过大气层到达地球,并带来热量。

④ 但是,热量并不容易保存,很快就会散失!特别是夜晚阳光照不到我们的时候。

⑤ 一部分光从地球上被反射回去,穿过大气层,回到太空中。

⑥ 一些热量,被大气中的二氧化碳保留下来,就像被罩在玻璃罩下一般,这就是温室效应。地球上的温度也由于温室效应被保持在15℃左右。

你知道吗

白天,大气层会截留下一部分炎热的太阳光,这保证了夜晚的温度不会太低。没有大气层,地球上的温度白天会达到100℃,夜晚会降至零下150℃。生物根本无法在地球上存活!

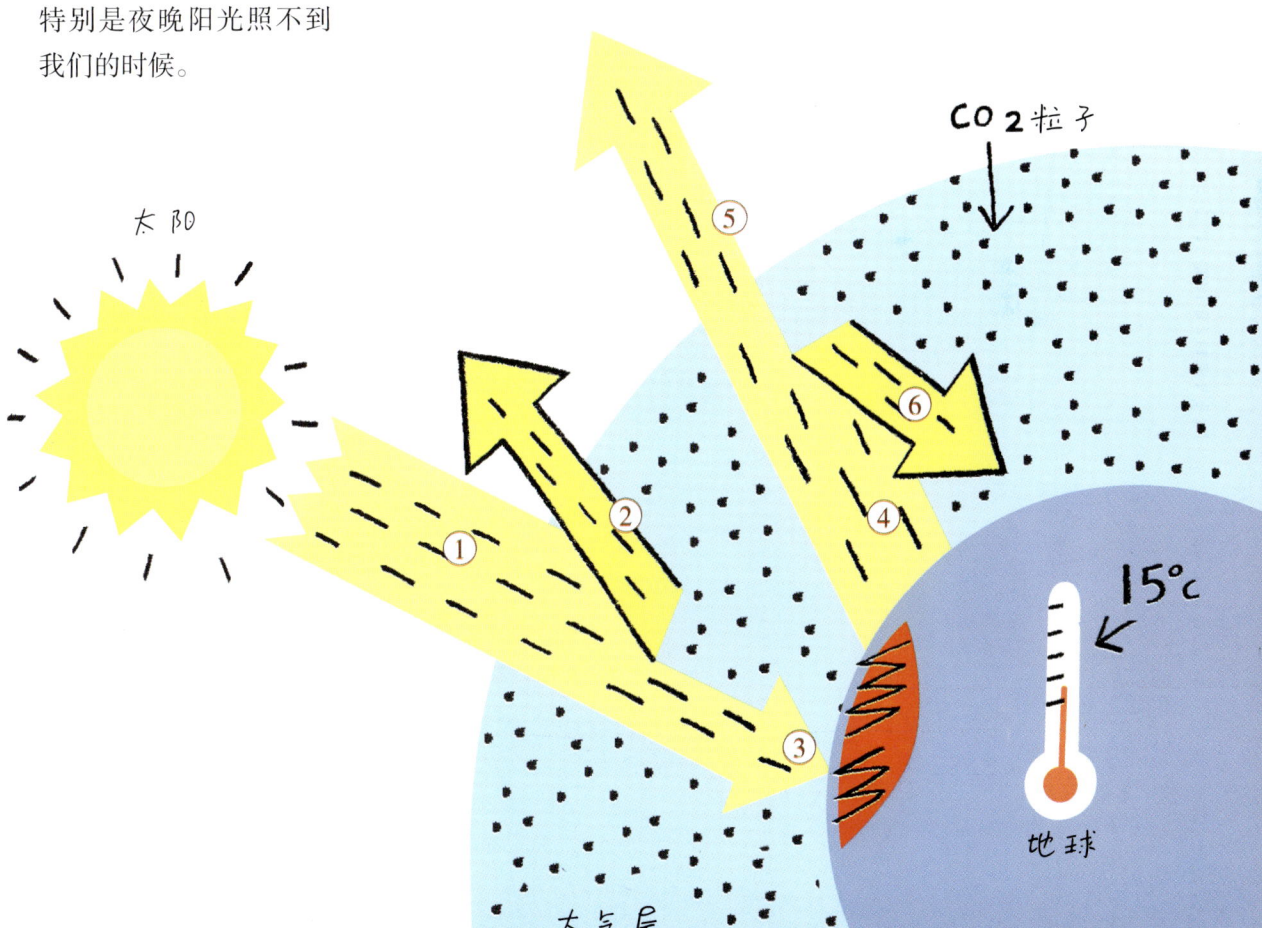

太阳

CO_2粒子

大气层

地球

15℃

空气污染

咳……咳……
多么可怕!
这些烟囱排出的烟都是黑色的。
它们的成分是什么,是不是很危险呢?

观察污染

1 让大人帮忙划燃一根火柴，你看到火焰中有什么东西跑出来了吗？

实验准备：
- 一个玻璃杯
- 一盒火柴
- 一位成人

2 让大人将玻璃杯底靠近火焰，你看到什么了？

3 熄灭火柴，让水杯冷却几秒钟后，用手指摩擦杯底，手指有什么变化？

你知道吗

与150年前相比，地球上的温度升高了0.5℃。科学家认为，气温的升高是由汽车和工厂排放的二氧化碳造成的，因为这种气体会引起温室效应。

你是看不到火焰里散发出什么的，但能看到杯底有一层黑色物质。木头、石油和塑料燃烧时，组成它们的"碳粒子"就会跑出来形成黑烟，这些粒子和空气中的氧气结合就会形成另外一种看不见的气体——二氧化碳。工厂、汽车的运转，需要燃烧煤炭或石油，它们每年向空气中排放的二氧化碳约达200亿吨！

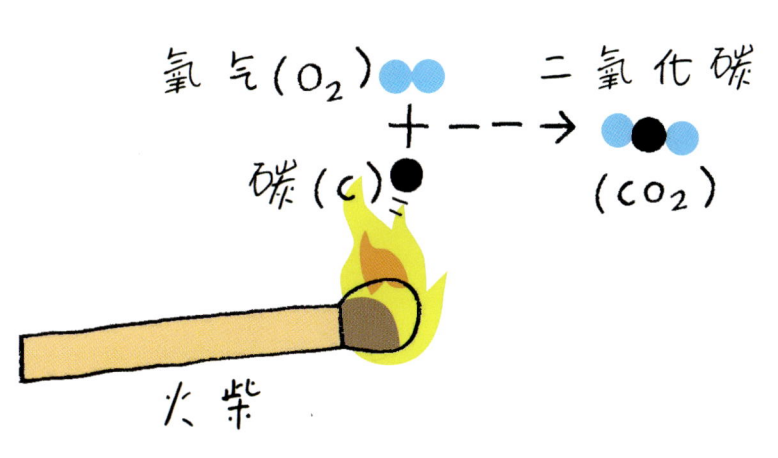

氧气(O_2) + 碳(C) → 二氧化碳(CO_2)

火柴

气候变暖

地球的温度在升高。气候学家认为，100 年后，地球上的温度会升高 1.5～6℃。在沙滩上晒太阳的时候，可就要感觉更热了！可是，这有什么可怕的呢？

上升的水面

1 在盘子中央放一块橄榄大小的橡皮泥，然后用杯底将其轻轻压平。

实验准备：
- 一个盘底较深的盘子
- 一些橡皮泥
- 一个水杯
- 一些冰块

2 把剩余的橡皮泥按成圆饼状，贴着盆子边上也放如盘子里。

3 在圆饼状的橡皮泥上放 4～5 块冰，冰块的数量、大小视橡皮泥的大小而定。

真真假假

由于气候变暖，地球上暴风雨的次数也会增多。

真的。土壤的升温使得空气的重量减轻。空气的重量减轻，温暖的空气上升得比较巨大，也会令热带风暴的次数增多。

4 往盘中倒入清水，直至将要淹没橄榄状橡皮泥为止。几个小时后，看看发生了什么。

冰块融化成水流入盘中，盘中水位上升，橄榄状橡皮泥被淹没！地球气候不断变暖，同样的情况会在大自然中发生——冰川融化，海洋中的水增多，海平面上升，也许只会上升 20~80 厘米，但很多小岛，例如前一页上的小岛，都将会被淹没，而且那些靠近海边的地区，也不能幸免。

臭氧层

这台废弃的冰箱，不仅会污染土地，还会污染空气。因为，它含有一种可以破坏臭氧层的气体。

臭氧层中的空洞

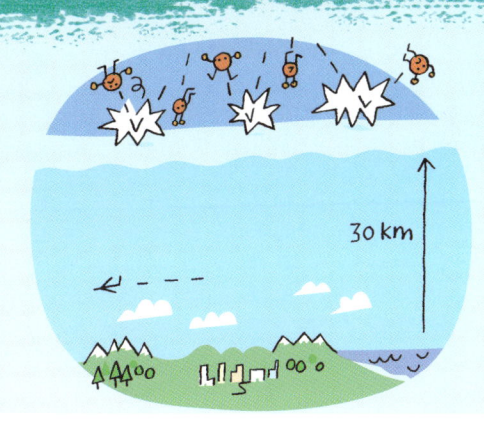

保护层

在30千米高的大气中,有一层气体叫作臭氧层。臭氧层可以阻挡阳光中的紫外线,保护皮肤不被伤害,要知道这些紫外线是有可能引发皮肤癌的。

一个大洞

1985年,科学家发现地球上的臭氧变少了。南极上空甚至一点儿臭氧都没有了——臭氧层出现了一个空洞!

你知道吗

为了对抗温室效应,很多国家决定减少二氧化碳的排放,但一些碳排放量很大的国家,比如美国,却拒绝这样做。因为,改变现有工厂生产方式的费用高昂。

喷雾器与冰箱

谁该对这个空洞负责?破坏臭氧层的,是一种叫作氟利昂的气体,它广泛存在于喷雾罐、冰箱、空调中。

补洞计划

1987年始,为了保护臭氧层,很多国家陆续用一些无害气体替换了氟利昂,这确实产生了效果,空洞没有再变大!但这个空洞什么时候可以修补好,却无人知晓。要知道,氟利昂的活性是可以保持100年之久的……

酸　雨

这里发生了什么情况？为什么树木会大量死亡？这里可是既没有汽车，也没有污染的呀……

酸雨的危害

实验准备：
- 一些干燥的豆子
- 一杯清水
- 两个纸杯
- 一把小刀
- 一些泥土
- 一些兑了水的醋

1 让大人帮忙，用小刀在两个空纸杯的底部各挖一个小洞，然后在纸杯中填满泥土。

2 抓一把豆子，撒在装有清水的杯中，放置一晚。

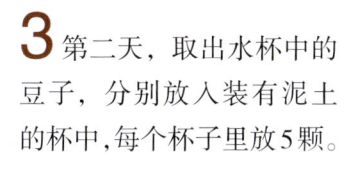

3 第二天，取出水杯中的豆子，分别放入装有泥土的杯中，每个杯子里放5颗。

4 分别向两个杯子中各浇一点儿水，一夜过后，你发现了什么？豆子发芽了！

5 在接下来的一周里，持续浇灌它们，只不过，改成向一个杯子里浇水，向另一个杯子里浇醋水。结果怎样？

真真假假

欧洲和加拿大的所有森林都遭受过酸雨的破坏。

真的。altough 工厂并不是酸雨形成的唯一途径，但汽车和小货车等，也会向空气中排放废气。

每天浇了水的杯子里的豆芽长成了豆苗，且豆苗长势良好；每天浇了醋水的杯子里的豆芽没有长成豆苗，像是死了一样。酸雨对植物的伤害就像醋水一样。酸雨的形成跟废气排放密切相关。一些烧煤和焚烧垃圾的工厂向空气中排放了酸性气体，这些酸性气体随风飘至空中，与空中的水分子结合，形成酸雨落下。酸雨不仅会伤害植物，污染湖泊，还会腐蚀石块、雕塑等。

危险中的人类

孩子们戴着口罩,因为这个城市的空气污染很严重。空气污染不仅会危害地球,还会危及我们的生命安全!

恶心!

健康问题

小心，臭氧

二氧化碳不会危害人的健康，但是，汽车和工厂排放的气体却会。在汽车和工厂排放的各种气体中，有一种气体会在高温天气里变成臭氧。没错，就是大气层中的那种臭氧。臭氧虽然可以隔离紫外线，但是人体若大量吸入，就非常可怕了！

许许多多的受害者

人体吸入臭氧会引发咳嗽、头痛，如果长时间吸入，还可能会引发呼吸道疾病：例如哮喘、支气管炎等。全世界每年因空气污染导致死亡的人数达500万之多。

空气质量

目前，中国每天都会发布空气质量报告。根据空气污染情况，空气质量分为优、良、轻微污染、轻度污染、中度污染、中度重污染、重污染。

自我保护

空气被严重污染时，老人、孩子及抵抗力弱的人应该避免去室外活动。同时，人们应尽量搭乘公共交通工具出行，减少开车次数。

太吵了

轰隆隆……噪声是通过空气传入我们耳中的。噪声污染严重时,我们的健康是会受到损害的……

噪声污染

城市＝噪声

汽车的喇叭声、邻居的音乐声、风镐的作业声，这些都是城市噪声。噪声几无停息，即形成噪声污染。噪声污染会令人感到疲惫、紧张，阻碍人思考，甚至导致人失眠。

最吵的噪声

测量噪声大小的单位叫作"分贝"。我们平常谈话的音量大概是 50 分贝，除草机发出的声音和汽车的喇叭声可以达到 90 分贝，学校的食堂发出的轰鸣声大概有 95 分贝，一台风镐的作业声则可能达到 120 分贝！

当心，危险

我们耳朵每天接收超过 85 分贝噪声的时间不能超过 8 个小时，否则我们的耳膜会遭受损伤。所以，平时不要把耳机的音量调得太高，这样是很危险的！

真真假假

城市里，由于噪声很大，小鸟们都听不到彼此的叫声了。

真的，有答复。鸟儿为了自己的歌声不被掩盖，唱得越来越响亮的。如果噪声长时间吸引它们的注意，它们就无法交流了。

耳聋

美国约有 8000 万人受到噪声的严重干扰，其中约有 4000 万人面临听力受损的威胁。他们通常是工厂里的工人，因为他们每天须在充满噪声污染的环境中工作 8 个小时，他们中的一些人最终会失去听力！

夜晚的城市，真美……路灯、车灯、万家灯火，这一切美丽，都需要能量供给！能量从哪里来？它们是取之不尽的吗？

能　源

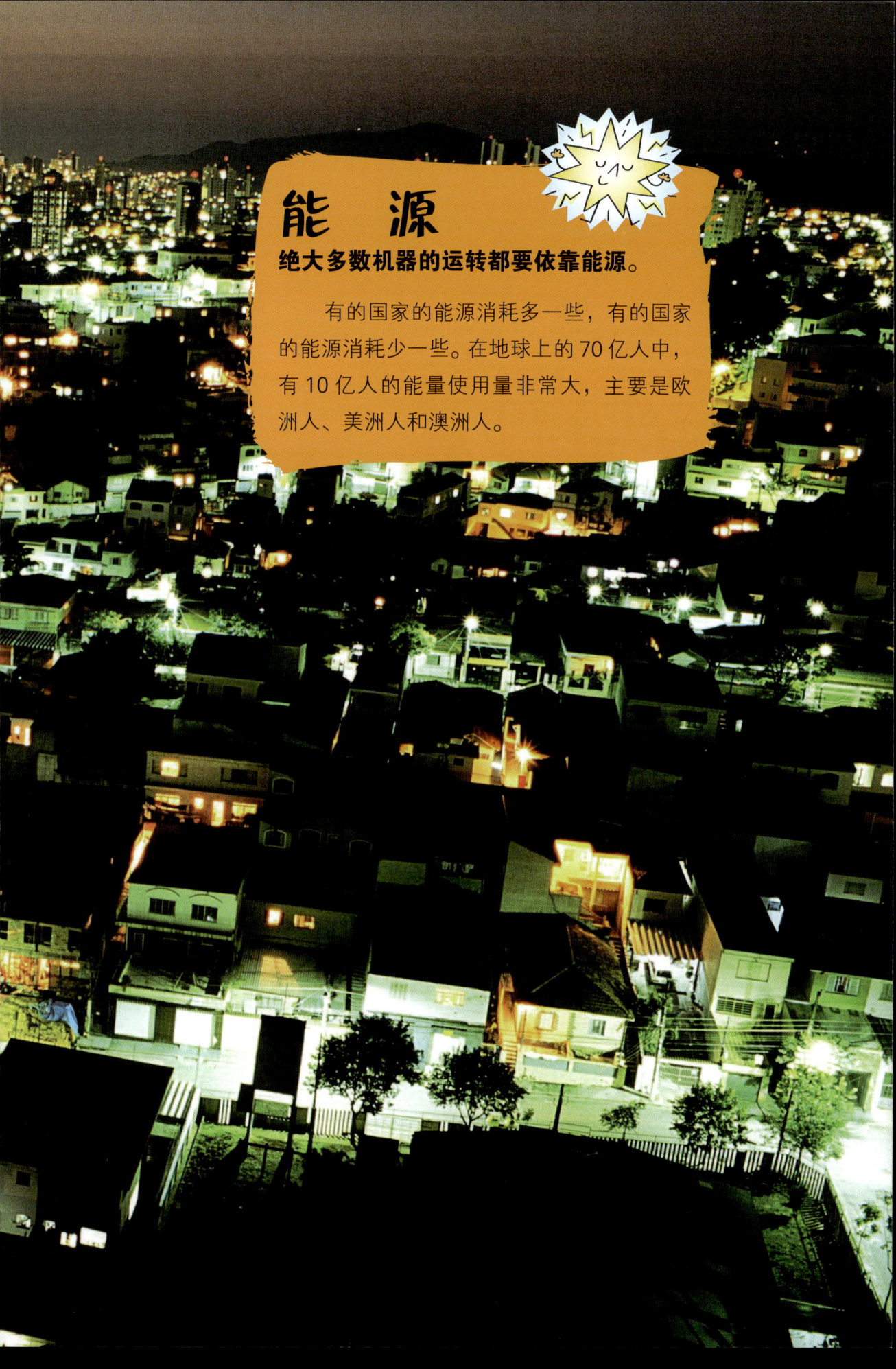

绝大多数机器的运转都要依靠能源。

有的国家的能源消耗多一些,有的国家的能源消耗少一些。在地球上的 70 亿人中,有 10 亿人的能量使用量非常大,主要是欧洲人、美洲人和澳洲人。

什么是能量

加油！这个自行车运动员非常卖力地骑车，他的肌肉运动让车轮不停地转动，使得自行车不断前行，且车后面的小灯也亮了起来！这肌肉运动产生的动力就是能量！

能量转换

1 拿起没有接上电源的小灯泡，用手碰一碰它的玻璃表面，你能感觉到热吗？

实验准备：
- 一节 4.5 伏层叠电池
- 一个手电筒灯泡

2 用小灯泡的金属端部位接触电池末端的金属片。

真真假假

一块木头，也含有能量。

真的。如果我们把木头点燃，木头中的能量就会转变为热量和光。也就是有发光发热。

3 倾斜小灯泡，让它能够触碰到另一个金属片。发生了什么？小灯泡变热了吗？

注意

千万不能用电源插座做实验！触电可是会致命的！

起初，小灯泡既不发光，也不发热。但之后，小灯泡亮了起来，也开始发热了。这是因为，电池释放的电能转变成了光和热。如果你把电池放在风扇里，风扇也会旋转起来。能量，就是能够产生光、热和运动的能力。从电源插头中得来的电，可以让洗衣机运转起来；石油的能量，可以让汽车行驶起来；木炭中的能量，可以烤熟肉串；你从食物中获得的能量，让你有力气可以转动脚踏车的踏板。

无所不能的能量

暖气、电灯、电视和汽车的发明让我们的生活更加舒适和便利,但它们的使用都需要能量的供给。那么,能量可以从哪里获得呢?

让我来探索!

能量从哪里来

能源

分解

几百万年前的微生物和植物死后，它们的尸体深埋在地下，渐渐分解并变成了可以燃烧的物质——石油、天然气和煤炭。

很久很久以前　　现在

石油、天然气和煤炭都是可以直接用来做能源使用的物质。在天然气广泛使用之前，我们主要通过烧煤来取暖、做饭，如今我们多是使用天然气。从石油中提炼出的汽油能够让汽车行驶。

电能万岁

通过燃烧石油、天然气和煤炭，我们还获得了另外一种很有用的能量——电能。它们燃烧产生热量和蒸汽，蒸汽会令机器中的巨型磁铁转动起来，从而产生电。

真真假假

在地球上，有一半的人生活在没有电的环境中。

真的。因为有些人生活在贫穷的国家，那些国家没有核电站，他们没有电灯、电灯，也没有可以用来储存食物的电冰箱。

核电站

想要获得电能，可不单单只有一种方式。现在，人们还可以通过核能发电来获得电能。法国是世界上使用此种电能比例最高的国家，法国人使用的电，3/4 都是核电站通过核能转变而来的。

什么是核能

核电站的内部原来是这样的！与石油、煤炭的使用不同，核能的使用不会产生有害气体。那么，人们为什么说核电站会给地球带来危害呢？

击碎原子

无处不在的原子

一束光、一朵花、一只猫,还有你自己……所有的一切都是由一些微小的粒子构成的,这些粒子就是原子。原子本身是由更小的、粘连在一起的小圆球构成的。小球越多,原子就越大,也越不牢固。

嘭……碎裂啦

向某些比较大的原子发射一些小粒子,会令原子碎裂并释放出热量,这些热量可以收集起来,用来发电。

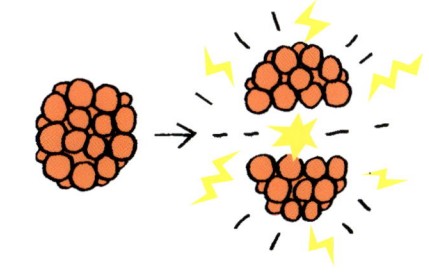

铀

在核电站,我们通过击碎铀原子来发电,发电过程中产生的剩余物质就是核废料,而危险就藏在这些核废料中,因为它们具有放射性——它们会放射出一些肉眼看不见,但却能致命的射线!

一般情况下,核电站都是会被严密监管的,但是危险依然存在。1986年,乌克兰的切尔诺贝利核电站发生了爆炸,爆炸产生了一朵巨大的蘑菇云,这朵蘑菇云中含有大量的放射性物质,这些物质致使几十人当场死亡,许许多多的人患上了癌症。

"长寿"的废料

为了防止核废料对人类造成危害,工作人员会将它们封锁在水泥中埋入地下,但是它们的放射性会存续几千年,并且还有泄漏的危险!因此,有些国家选择关闭核电站,比如日本,在2011年福岛核电站泄漏后就关闭了核电站。

非清洁能源……

工作人员在这里抽取海底深处的石油。他们这样不停地抽取，石油难道不会枯竭吗？

能源枯竭

能 源

许多的机器

近200年来，人类发明了许许多多不同的机器，这些机器需要依靠能量才可以运转。早期，蒸汽机的使用需要燃烧木头和煤；现在，汽车的使用需要消耗汽油。

越来越多

今天，全世界共有汽车约10亿辆，2050年将有可能达到20亿辆！此外，家用电器的使用数量也在不断增长。按照这个增长速度，20年后，人们的能源需要量将是目前的两倍！

你知道吗

煤、天然气、石油和铀的储藏量正在一点点被耗尽，总有一天，它们将会一丁点儿也不剩，这些能源就叫"不可再生能源"。

越来越快

一台汽车的发动机1分钟就可以用掉1升的汽油，而这1升汽油却需要几百万年的时间才能够形成。我们使用能源的速度，远远超过了地球产生能源的速度。

最后的储藏

地球上的煤大概还够使用300年，天然气和铀大概只够使用100年，而石油，也许几十年后就可能被用光了！

取之不尽

这些风车依靠风力来发电。与其他能源发电不同,风力发电一点儿也不会产生污染,而且取之不尽、用之不竭!除了风能,还有其他类似的清洁能源吗?

自制涡轮机

1 将塑料瓶的上部和下部剪掉,在中间部分剪出两个凹槽。

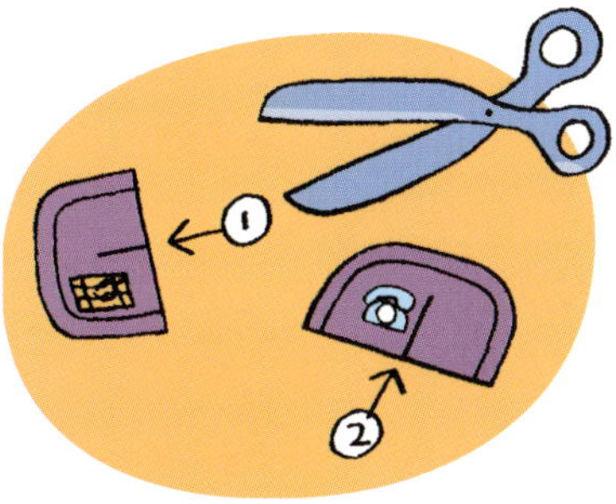

实验准备:
- 一个 1.5 升的塑料瓶
- 一张塑料卡片,比如旧的公交卡或电话卡
- 一支铅笔
- 一卷透明胶带
- 一把剪刀

2 把卡片剪成两半,在每一半的中间剪开一小段。

3 像图片中这样,将卡片插在一起。螺旋桨做好啦!

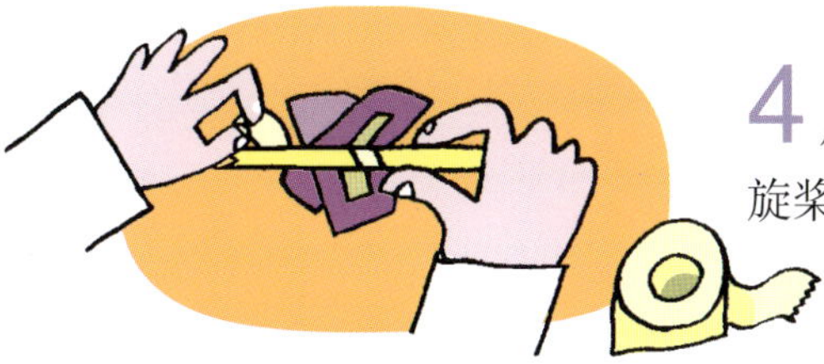

4 用胶带将铅笔粘在螺旋桨上。

5 把铅笔架在塑料瓶的凹槽上,然后,将装置拿到水龙头下方,打开水龙头,让水流落在螺旋桨一侧的桨片上。这时发生了什么?

真真假假

风、水流、太阳光都是可再生能源。

真的。风和水都是自然存在的,人们随时可以利用它们。太阳光也一样,就算再过50亿年之后的事情了!我们可以得到的太阳能加暴水流中的水来发电,来电池可以利用太阳能发电。

水流能够让螺旋桨转动起来,也就是说,流动的水流能够产生能量,这就是水电站工作的原理!修建一座水电站,首先需要建造一座大坝来截住水流,然后,通过人工干预,让水流流向有螺旋桨的地方,从而带动螺旋桨转动,螺旋桨转动产生的动能可以通过发电机转换为电能。世界各地有很多大大小小的水电站,它们提供电能却不污染环境。在欧美发达国家,水电的使用比例是非常高的。中国已经修建了很多水电站,但还有很多水利资源有待开发。

地球上，动物的种类有很多，植物的种类比动物还多！我们不能让这些物种消失，因为每一种生物都有存在的价值……就像人类需要相互依靠才能生存一样，人类和动物、植物之间也也是共生共存的，因而维持物种的生态平衡非常重要！

你好

植物与动物

地球上植物和动物的种类非常多。

据统计，地球上的植物、动物、真菌、细菌约有几百万种……其中很大一部分，甚至还没有被发现！维护物种的多样性是非常重要的。

生物链

这只瓢虫以蚜虫为食,并不吃植物。那么,我们为什么说植物和动物是彼此依存的呢?

谁需要谁

植物与动物

1 在一张纸上写下"植物",把另外一张纸剪成4张大小相同的纸片,分别写上"蚜虫""瓢虫""羚羊"和"狮子"。

实验准备:
- 两张白纸
- 几支笔
- 一把剪刀

2 在每一张纸片的下方,画一个箭头,这个箭头表示吃的意思。

对还是错?

狮子和瓢虫在它们各自生物链的顶端,所以它们对其他生物来说,没什么用处。

错!狮子和瓢虫也许是,它们的身体会慢慢分解在土壤中,变成肥料,而植物的生长,着重植物上的昆虫来说,也是很有用的!

3 把纸片按照图中的顺序摆放,看看谁吃谁。

4 如果我们把写有"植物"的纸拿走,会发生什么呢?

瓢虫吃蚜虫,蚜虫吃植物;狮子吃羚羊,羚羊吃植物。这是两个不同的生物链,但是每个生物链都是从植物开始的。如果我们拿走植物,那么蚜虫和羚羊就没有了食物,它们会饿死!它们饿死了,瓢虫就没有蚜虫吃,狮子也没有羚羊吃了!因此,即使狮子和瓢虫自己不吃植物,它们也会因为植物的消失而失去食物。所以,地球上需要植物!

脆弱的链条

澳大利亚的兔子成灾,数也数不清。这个国家一直都有这么多兔子吗?

恶性循环

植物与动物

10 亿只兔子

澳大利亚原来并没有兔子。1859 年，一个英国来的男人带来了 12 对兔子，这些兔子繁殖很快，并且由于澳大利亚没有一种动物是吃兔子的，所以在不到一个世纪的时间里，澳大利亚的兔子数量就达到了 10 亿只！

灾害

澳大利亚的兔子泛滥成灾，它们吃掉了大部分的食物，致使澳大利亚原来的动物，例如小袋鼠，由于食物锐减而濒临灭绝。

其他侵略者

和澳大利亚的兔子灾难相似的生态灾难，其他地方也时有发生，例如非洲尼罗河中的一种鲈鱼，在被引进坦桑尼亚后，吃光了湖中原有的 200 多种其他鱼类。在欧洲，被放生的、来自美国佛罗里达的乌龟，正威胁着本地乌龟的生存。

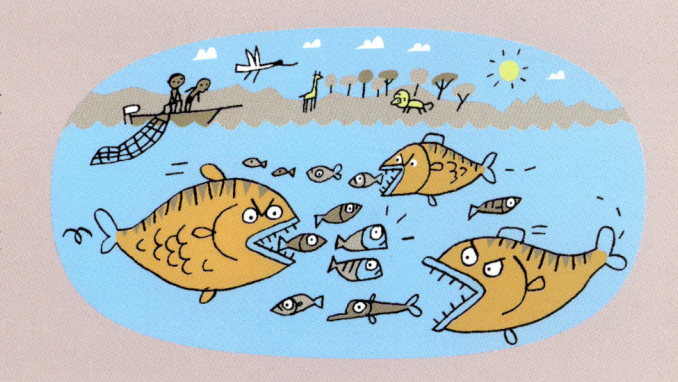

各有各家

一种动物被引进，很可能会对当地的动植物造成危害，因为它很有可能会毁掉当地自然界的整条食物链。

濒临灭绝的动物

一艘油轮沉没了，它装载的石油流入大海，这对于海里的动植物，是一场巨大的灾难！

观察浮油

植物与动物

1 用水杯接半杯水，然后倒入一些油，看看水变成了什么样子。

2 再在杯中加入几滴洗涤剂，然后用小勺用力迅速搅拌。

实验准备：
- 一个水杯
- 一些油
- 一些洗涤剂
- 一把小勺

3 仔细观察水杯中的情况。

真真假假

我们捕鱼捕得太多了，一些鱼类就快灭绝了。

真的，海里、湖里、河里，鱼都已经越来越少了。

起初，油会漂浮水面形成一个油层，当我们加入洗涤剂并搅拌后，油就和水混合在了一起，油轮沉没也会发生同样的情况。石油比水轻，因此会渐渐浮到水面，在水面上形成许多巨大的油面，这层油面会粘住不幸落在上面的小鸟。接着，如实验中的情况一样，石油融入水中，但这里可没有洗涤剂加入。于是，海洋中的动物们，就可能会吞下混着石油的水。

沉船　　　　　　然后……

即将消失的森林

这是南美洲的一条河流,河流的一侧是亚马孙热带雨林,另一侧是一大片耕地。这样的砍伐对生态有没有危害呢?

真真假假

亚马孙热带雨林是世界上动植物种类最丰富的地区。

其实,这片南美洲的热带雨林,是世界上最大的森林。世界上 3/4 的动物和植物物种都可以在这里找到,然而,有一片巨大的和英国国土面积差不多大的森林,已经被砍伐了。

砍伐的危害

植物与动物

森林砍伐

人们或通过砍伐森林来获得木材，或通过砍伐森林来造田修路。人类不断地在砍伐，森林不断地在消失。

森林被砍伐的结果将是，地面温度上升加速，气候随之改变；雨水难以留存，水土流失严重；没有了挡风屏障，大地必将泥土飞扬，砂石遍地。

沙漠形成

让森林变为沙漠，仅仅需要几十年，而让沙漠变回森林，却几无可能！

动物灭绝

森林是很多动植物的"家"，离开"家"，它们将无法生存，因为"家"里有它们生活所需要的适宜的温度、肥沃的土壤和丰足的食物。破坏它们的家园，就等同于谋杀。

生物灭绝

可怜的熊猫！由于适宜熊猫居住的森林遭到人类的破坏，熊猫数量锐减。野生大熊猫仅剩下约 1000 只，属于中国国家一级保护动物。世界上每年都有物种消失，你知道它们都有谁吗？

算一算

植物与动物

1 将两副扑克叠放在一起，每一张扑克代表世界上的一种生物。

实验准备：
- 两副扑克
- 一个空纸篓

2 每一天，都有一些生物在地球上消失，具体有多少呢？你认为每天消失的物种有多少，就扔多少张卡片到纸篓中。

你知道吗

在这本书的一开始，我们就已经知道了地球上发生过 5 次生物大灭绝（第 13 页）。如今，每天都会消失如此多的物种，或可算是第六次物种大灭绝了。真是太可怕了！

3 数一数纸篓中卡片的张数，看看你认为每天消失的物种有多少。

4 记下你的答案，让爸爸妈妈来做同样的实验，看看他们的结果……

你扔了几张卡片？10 张、20 张，还是 30 张？正确答案是，你需要扔 80 张！地球上每天都有将近 80 种生物物种消失。一年下来，约有 3 万种生物物种灭绝。也就是说，你需要一摞 10 米高的扑克才能表示一年消失的物种数量！从前，一些物种会以自然的方式消失，例如 6500 万年前灭绝的恐龙。今天，大多数生物物种的灭绝，都是因为人类！

什么是转基因

这株植物是一个突变体，它不是一种简单的杂交产物，它是科学家在实验室里运用了转基因技术的结果。让我们一起来了解一下转基因……

DNA 测序仪

转基因生物

植物与动物

基因

基因是生物细胞中存储的信息，这些信息决定了一个人皮肤和眼睛的颜色及他的体型……比如，玉米的一些基因使玉米长成黄色，另外一些基因决定了玉米粒的形状。

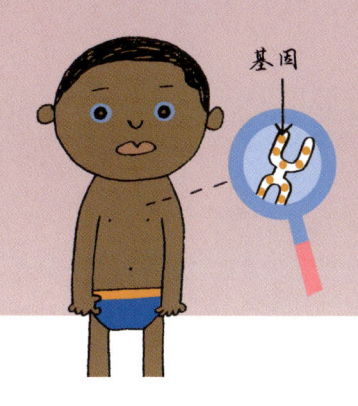

转基因

今天，科学家们可以将一种植物中的基因提取出来，转移到另外一种植物中去。不光是对植物适用，对动物、真菌、细菌也一样适用。这类基因被改变的生物，就叫作转基因生物。

超级番茄

有了这项技术，科学家们培育出了能在含盐量较高的土壤中生长的番茄，以及可以不被虫咬的玉米！这样一来，我们就不需要农药了，这对土地来说，是个好事儿。

你知道吗

自从 1996 年转基因作物诞生以来，人类已经进食了超过 2 万亿份转基因食品。美国市场上的玉米、大豆大多是转基因产品，转基因作物是美国人的食品的主要来源，美国超市里过半的食品都含有转基因成分。

转基因食品安全吗？

转基因产品的安全性不能一概而论，但是经过科学检验、政府审定批准生产上市的转基因食品是安全的。美国是转基因食品消费最早、最多的国家，从来没有发生过任何安全问题，其他国家也没有。世界上与食品安全有关的所有权威机构都对已经上市的转基因食品的安全没有争议。

这些垃圾太可怕了，不可以这样对待地球，我们需要行动起来！每个人都可以为保护地球做些力所能及的事情，你也可以！

保护地球

每个人都有义务保护我们的星球。

几十年前,一些人开始意识到人类正在破坏地球。起初,很少有人相信这些"生态学家"的话,但是今天,每个人都清楚,我们需要保护我们的地球。

节约用水

太浪费了！水是人类生命的源泉，也是非常珍贵的自然资源，我们每个人都有责任和义务关心水、爱护水、节约水。

减少浪费

保护地球

1 把水池的下水槽堵住。

实验准备：
- 一个水池
- 一只大水杯
- 牙刷和牙膏
- 一个塑料水盆

2 打开水龙头，然后像往常一样刷牙。

3 漱口后关闭水龙头，看看水池中蓄了多少水。

精巧的发明

越来越多的厕所冲水都会安装节水装置，小的按钮代表较少量的水，大的按钮代表较大量的水。要选好按钮哦！

4 用水杯将水池中的水舀出，倒入水盆。继续！看看你刷牙期间水池中蓄了多少杯水。

　　一大杯水，大概是 0.25 升，因此 4 杯水就是 1 升。在你刷牙的时候，有多少升水流失掉了？其实，刷牙仅仅需要 1 杯水而已，其他的水都被浪费了。每天几升，一年下来，就是几百升。所以下次刷牙之前，一定要准备一支漱口杯。另外，淋浴仅需要 70 升水，而浸浴却需要将近 200 升水。所以，还是尽量洗淋浴吧！

保护空气

大家尽量选择公共交通工具出行，例如搭乘公共汽车、有轨电车、无轨电车、地铁等，这样即可以大大减轻大气污染。因为一个公共交通工具一次性就可以承载几十，甚至几百个人，这可比让这些人都去开私家车对大气造成的污染少得多！

好主意

保护地球

避免开车

如果上学的路不远,你可以选择轮滑、自行车或步行上学。如果学校离家比较远,你可以让你的家长带几个同路的小伙伴一起前往学校。鼓励小区里的父母们用这种方式轮流接送你们上学放学,这能够有效减少汽车的使用率。

减少垃圾

小份包装的食品、成箱的小罐啤酒,它们产生的垃圾量比简包装的多 6～7 倍,且这些垃圾在焚烧处理时,还会对空气造成极大的污染。下次再去超市的时候,还是选简单包装的食品吧。

再利用

去购物的时候,带一个小袋子,这样就不用每次都购买新的袋子了。如果商场中的顾客不再需要那么多的袋子,就会减少袋子的生产,空气污染也会随之减轻。

你知道吗

几十年前,既没有湿纸巾也没有塑料水瓶,人们回收废旧的布条制成抹布,拿着玻璃瓶去奶制品商店购买鲜奶。相比 40 年前,现在我们每天制造的塑料垃圾多了 10 倍,玻璃垃圾多了 3 倍。

植物真棒

让你的家长选择不会破坏臭氧层的家用电器(参考第 39 页),你也可以在花园中种一棵小树或在家里养些绿色植物。

节约能源

灯光太亮了！关掉一些灯，房子的主人不仅可以省些电费，还节约了能源。

其他方法

保护地球

节约用电

使用节能灯！节能灯的照明效果和传统灯泡一样，但消耗的电量只有原来的 1/4，即使用了节能灯，也请在离开房间的时候记得关灯哦。电器用完，也请记得关闭电源哦，因为待机状态依然会消耗电能。

少用暖气

家中的供暖设备会消耗很大的能量，我们可以将暖气调低 1 度，再多穿一件毛衣就好了！天气冷时，可以关好窗户，避免流动的空气带走房间里的热量，也可以让你的父母在冬天将窗户封好。

真真假假

每个家庭都可以减少一半的能源消耗。

真的。每个家庭做到这一点，就能节省能源的一半。同时，节能灯泡、水龙头、节能家电、灯具自身的节能器，都能明显减少能耗的消耗，节能环保。

在厨房……

如果你的父母需要烧水，建议他们使用锅盖吧，这样可以节约 3 倍的能源！也不要让冰箱的门敞开太久，想好你要拿出的东西，然后快速地关闭冰箱门，不然冰箱里面的温度升高，制冷机就要重新制冷，这也会消耗能量。

拯救森林

中国每年产生的废纸量约达600万吨，而生产100万吨纸需要砍伐600平方公里的森林！怎样才能避免这样的情况发生呢？

再生纸

保护地球

1 将报纸撕成小块，扔进搅拌机中，再加入两杯水。

实验准备：
- 一张报纸（请选择报纸，而不是杂志！）
- 一台搅拌机
- 一个水杯
- 一个滤网
- 一块菜板

2 让大人打开搅拌机，等待搅拌机内出现灰色的糨糊。

3 把滤网拿到水池上方，将搅拌机里的液体倒进去。轻轻晃动滤网，沥干水分，滤网上会出现一团潮湿的纸浆。

拯救动物

请不要购买象牙、珊瑚等野生动物制品，这可能会让某些动物面临灭绝的危险。也不要随便购买、放生来自遥远国度的动物，因为它们很可能会造成生态灾难。

4 将纸浆倒在菜板上，用手掌压平，注意不要戳破。

5 把它放在阳光下或是散热器上24小时，你得到了什么？

当纸浆变干时，灰色的糨糊颜色变浅，同时也变硬了。用刀在纸浆与菜板中间划过，你就可以取下它用来在平整的地方写字了！你已经成功地利用报纸制造了一张新的硬纸板，我们就是这样来回收利用纸张的。但是，我们在回收利用时会使用机器，这样获得的再生纸会更细腻。每回收利用1吨废纸可再造出0.8吨再生纸，目前中国的废纸回收率仅约为25%。但是这也需要人们降低对纸的要求，因为再生纸没有原来那么白、那么好看。

回收利用

我们的地球要被垃圾覆盖了！我们每人每天会丢弃1千克的垃圾，这个数量是20年前的4倍！我们该怎么办？

垃圾分类

保护地球

1 让家长将一天里的果皮、菜叶还有剩菜、剩饭都丢进第一个垃圾袋中。

实验准备：
- 两个垃圾袋
- 一位家长

2 让他们将其他的垃圾扔在第二个袋子里，比如报纸、包装盒等。

真真假假

30个塑料水瓶可以制作一件"羊毛衫"。

真的。这说的是聚酯纤维的羊毛衫，"羊毛"，并非真正的羊毛为主，而是报纸的塑料制成的纤维为主。这可看回收利用废旧塑料的好方法呀！

3 一天下来，秤秤两个袋子的重量，谁比较重？

　　第二个袋子的重量大概是第一个的 2 倍，也就是说我们扔掉的废旧包装更多！如果我们不进行垃圾分类，所有这些都会被拉到垃圾厂填埋或被送入焚烧炉中一起烧掉。这很可惜，因为通过分类，我们还可以将部分垃圾送去工厂回收利用，用旧的东西去制造新的。但是，并不是所有的城市都具备这样的条件。现在，小区里都有分类垃圾箱，将来我们一定可以做得更好！

环保精神

就像这本书中介绍的,我们可以通过许许多多的措施来保护大自然和保护环境。但是,最重要的是我们需要先改变自己的想法……

保护地球

生态农业

按照生态学原理，农业学家设计的现代化农业生产方式使物质能够在农业生态系统内部循环利用，这既可以少用化肥、农药，达到能源再利用、保护环境的效果，还能使农业生产处于良性循环中。

更加环保

种植转基因作物既可以减少农药对环境的影响，也有利于通过推广免耕生产系统来减少水土的流失，减少农业生产过程中温室气体的排放，所以种植转基因作物，既经济又环保。

消耗

过去，没有人会担心垃圾问题。工厂生产的东西很少，价格也很昂贵。人们买的东西，也会相应地保存很久。当东西坏掉时，也会想办法进行修理。

加入我们

你可以报名参加一个环保俱乐部，在那里你可以学到许多环保的知识，也可以更好地保护地球。

太多啦

而今天，工厂生产的东西越来越多，价格也越来越低。人们购买量变大了，东西坏掉或不喜欢时，也会选择直接丢弃去买新的！这是在破坏地球，快停下！

词汇表

大气层
包裹着地球的气体层,地球上的大气层就是空气。(P29、30)

原子
构成所有物体的微小粒子。有些原子可以在被击碎时产生核能。(P53)

空气
包裹地球表面的气体,是植物和动物生存不可缺少的物质。空气由氧气、氮气、二氧化碳等气体构成。(P29、30)

细菌
一种微小的生物,既不属于植物,也不是动物。(P7、P25)

可降解
可以很快地在大自然中分解。(P7)

氟利昂
某些喷雾罐、空调及冰箱中使用的气体或液体,可用于制冷和制造发泡剂。它们破坏地球上的臭氧层,是臭氧层空洞的始作俑者。(P39)

燃料
可以燃烧,并产生能量的物质。比如,木头、煤炭、天然气和石油。(P51)

温室效应
由于二氧化碳的作用而使地球上气温变高的效应。(P33)温室效应过大,就会造成气候变暖。(P37)

肥料
土壤中促进作物生长的物质。既有天然肥料(动物粪便、腐烂的动植物遗体等),也有化学肥料。(P23、85)

灭绝
一个种类的动物全部死亡的现象。"生物大灭绝"意味着很多物种在一个时间里同时消失。(P13、P69)

二氧化碳(CO_2)
由碳(C)和氧(O)构成的无色无味的气体。(P11)我们呼吸时会产生二氧化碳,汽车和工厂会向空气中排放大量的二氧化碳。(P35)二氧化碳增多会加大温室效应(P33),同时导致气候变暖(P37)。

基因
生物细胞内携带的遗传信息。(P71)

核能
通过使原子裂变而获得的能量。(P53)

转基因生物
通过人工方法引入了外来基因的动物或植物。(P71)

氧气
空气中的一种气体,可供生物呼吸。(P11、P31)

臭氧
一种有特殊臭味的淡蓝色气体。天气炎热时汽车行驶过程中会产生臭氧。(P43)离地面30千米高的上空有一个臭氧层,可以保护我们不受紫外线的侵袭。但是,臭氧层已经出现空洞(P39),而汽车行驶中产生的臭氧是无法将空洞修补上的。

农药
可以杀死阻碍农作物生长的植物或昆虫的化学产品。杀死植物的就是除草剂,杀死昆虫的就是杀虫剂。(P23)

光电池
可以将光能转换为电能的装置。(P57)

污染物
进入环境后能够直接或者间接危害人类的物质。

放射性
不稳定的原子释放危险射线的特性。(P53)

气候变暖
由于二氧化碳排放增多导致地球平均气温显著升高的现象。(P37)

回收利用
利用废旧的纸壳、塑料、玻璃、包装袋等制造出新的物品,这样不仅可以节约能源还可以减少垃圾。(P83)

紫外线
太阳发射出的一种光。这种光肉眼无法看到,但可以伤害眼睛、灼伤皮肤,甚至会致使皮肤患上皮肤癌。(P39)

想知道更多……

环保组织
一些想要保护地球的人聚集在一起形成了环保组织,他们会进行许多活动:保护动物、清洁沙滩……你也可以参加!可以让身边的大人帮忙,在搜索引擎中输入"环保""组织"和你所在的城市名称,就可以找到了。

环保职业
如果你对生态学很感兴趣,长大后你可以从事与生态相关的职业,例如专门照顾森林,监测水污染、空气污染等。你还可以当研究员,通过计算预测污染持续后,空气、气候及动物的未来状况。做这些职业需要学习许多知识,但兴趣才是最重要的!

图书在版编目（CIP）数据

生态：我为什么能活着？/ (法) 泽图恩著；(法)艾伦绘；陈晨译. —北京：北京日报出版社，2016.6
（睁大眼睛看世界）
ISBN 978-7-5477-2059-2

Ⅰ. ①生… Ⅱ. ①泽… ②艾… ③陈… Ⅲ. ①生态学 – 少儿读物 Ⅳ. ①Q14-49

中国版本图书馆CIP数据核字(2016)第066441号

L'Ecologie © Mango Jeunesse, Paris–2012
Current Chinese translation rights arranged through
Divas International, Paris(www.divas-books.com)
巴黎迪法国际版权代理
著作权合同登记号 图字：01-2015-1938号

生态：我为什么能活着？

出版发行：	北京日报出版社
地　　址：	北京市东城区东单三条8-16号　东方广场东配楼四层
邮　　编：	100005
电　　话：	发行部：（010）65255876
	总编室：（010）65252135
印　　刷：	北京缤索印刷有限公司
经　　销：	各地新华书店
版　　次：	2016年6月第1版
	2016年6月第1次印刷
开　　本：	787毫米×1092毫米　1/16
印　　张：	5.5
字　　数：	140千字
定　　价：	32.80元

版权所有，侵权必究，未经许可，不得转载